Ángeles García Aliaga

Síndrome de Cáncer de Mama y Ovario Hereditario

Ángeles García Aliaga

Síndrome de Cáncer de Mama y Ovario Hereditario

Estudio transversal en pacientes de alto o moderado riesgo de síndrome de SCMOH

PUBLICIA

Cover image: www.ingimage.com

Publisher:
PUBLICIA
is a trademark of
Dodo Books Indian Ocean Ltd. and OmniScriptum S.R.L publishing group

120 High Road, East Finchley, London, N2 9ED, United Kingdom
Str. Armeneasca 28/1, office 1, Chisinau MD-2012, Republic of Moldova, Europe
Printed at: see last page
ISBN: 978-3-639-55776-3

SÍNDROME DE CÁNCER DE MAMA Y OVARIO HEREDITARIO

Ángeles García Aliaga

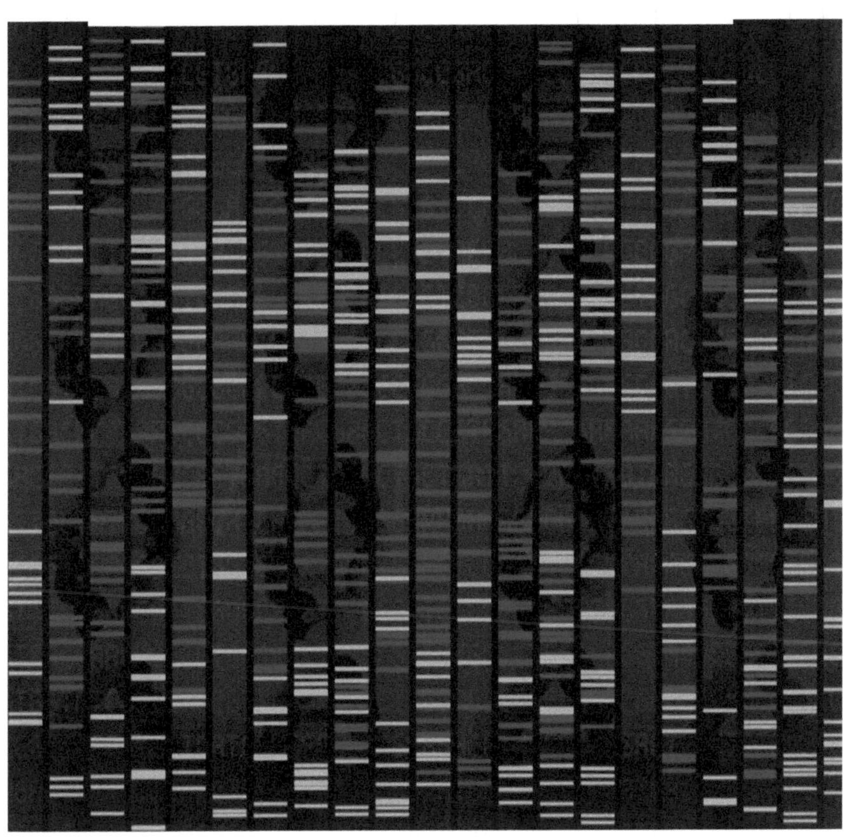

RESUMEN

Dado el alto porcentaje de casos de cáncer de mama con alta agregación familiar que no se explican por alteraciones en los principales genes de susceptibilidad, *BRCA1* y *BRCA2*, planteamos este estudio con el objeto de conocer la prevalencia mutacional del gen *RAD51C* y del gen *RAD51D* en nuestra población. Estos resultados serán útiles para la valoración de *RAD51C* y *RAD51D* como predictores de riesgo de síndrome de cáncer de mama y ovario hereditario (SCMOH). Para ello, se ha realizado un estudio transversal a pacientes que cumplen criterios de alto o moderado riesgo de síndrome de SCMOH en los que no se ha encontrado ninguna variante génica patogénica en *BRCA1*, *BRCA2* y *CHEK2* que esté relacionada con el aumento de riesgo. El cribado mutacional de los casos índice se realizó por secuenciación automatizada de las zonas de estudio (reacción en cadena de la polimerasa de los amplicones, comprobación de la amplificación mediante gel de agarosa, purificación enzimática de los amplicones, reacción de secuenciación, purificación en columnas y secuenciación por electroforesis capilar). Las secuencias obtenidas se analizaron mediante los programas "SeqScape" v.2.5™ y "Sequencing Analysis" v.5.2. Para el análisis de las variantes se consultaron las principales bases de datos, se realizaron estudios bioinformáticos y de cosegregación familiar para evaluar la patogenicidad de las mismas. Los resultados se compararon en primer lugar con publicaciones relacionadas con los genes *RAD51C* y *RAD51D* que están relacionadas con la población española y que nos ofrecen información sobre las variantes encontradas así como los cebadores necesarios y sus condiciones. Desde el laboratorio se caracterizó molecularmente las variantes génicas patológicas y variantes de significado clínico incierto (VSCI) con el fin de determinar el perfil mutacional de nuestra población, calculando la prevalencia de éstas. También se realizó un análisis por subgrupos clínicos (cáncer de mama bilateral/ cáncer de ovario/ cáncer de mama y ovario), con el fin de realizar un estudio de correlación genotipo-fenotipo.

Palabras claves: Genética Molecular, Síndrome Cáncer de Mama y Ovario Hereditario (SCMOH), *BRCAs, BRCAX, RAD51C, RAD51D.*

ABSTRACT

Given the high percentage of breast cancer cases with high familial aggregation that are not explained by alterations in the major susceptibility genes, *BRCA1* and *BRCA2*, we propose this study to determine the prevalence of *RAD51C* and *RAD51D* genes mutation in our population. These results will be useful for the assessment of *RAD51C* as a predictor of cancer risk in hereditary breast and ovarian cancer syndrome (HBOCS). To do this, there has been a cross-sectional study on patients who meet criteria for high or moderate risk of HBOC syndrome and in which not has been found no gene variant in *BRCA1, BRCA2* and *CHEK2* associated with increased risk. Mutation screening of index cases were made by automated sequencing study areas (Polymerase chain reaction, amplification checking by agarose gel, enzymatic purification of the amplicons, sequencing PCR, purification columns and capillary electrophoresis). The sequences obtained were analyzed using the software "SeqScape v2.5™" and "Sequencing Analysis 5.2". For the analysis of the variants will consult major databases, bioinformatics studies will be conducted and family cosegregation to asses pathogenicity of them. The results were compared in first place with related publications of *RAD51C* and *RAD51D* genes that are related to the Spanish population and provide us information on the variants we found, also necessary primers and conditions. From our laboratory were molecularly characterized the pathological gene variants and uncertain clinical significance variants (UCSV) in order to determine the mutation profile of our population, calculating the prevalence of these. Also there will be a clinical subgroup analysis (bilateral breast cancer/ ovarian cancer / breast and ovarian cancer), in order to conduct a genotype-phenotype study.

Keywords: Molecular Genetics, Hereditary Breast and Ovarian Cancer Syndrome (HBOCS), *BRCA's, BRCAX,* RAD51C, *RAD51D.*

ÍNDICE

I. INTRODUCCIÓN

Síndrome de Cáncer de Mama y Ovario Hereditario (SCMOH)

El síndrome de cáncer de mama y de ovario hereditario (SCMOH) es una tendencia heredada a contraer el cáncer de mama, ovario y otros cánceres minoritarios relacionados. Aunque la mayoría de los cánceres no se heredan, alrededor del 5 % de las personas que tienen cáncer de mama y aproximadamente el 10% de las mujeres que tienen cáncer de ovario tienen el SCMOH.

En el desarrollo del síndrome de cáncer de mama y ovario hereditario se han identificado múltiples factores de riesgo de tipo ambiental, hormonal y genéticos. Aunque la mayoría de ellos influye ligeramente, destacan especialmente en mujeres premenopáusicas la edad, la densidad de la mama, los antecedentes mamarios previos y el número de familiares de primer grado con cáncer de mama (CM). En cáncer de ovario (CO) el riesgo se eleva con la edad (con un aumento de la incidencia a los 50 años) y disminuye inversamente con embarazos a término [1].

La comprensión de la causa genética del cáncer de mama dio paso a la identificación en los años 90 de los genes *BRCA1* y *BRCA2* ("breast-cancer-susceptibility") estrechamente relacionados con la susceptibilidad al cáncer de mama y primeros genes relacionados con el SCMOH [2;3].

Estos genes se caracterizan por tener herencia autosómica dominante, alta penetrancia y elevada prevalencia. Mutaciones en *BRCA1* o *BRCA2* no están solamente asociadas con un aumento del riesgo de cáncer de mama, sino que también incrementan la susceptibilidad a cánceres de ovario en mujeres y en hombres de próstata, páncreas y mama [4].

Pero como en otros síndromes de cáncer hereditario, existe un porcentaje de los casos que no se explican por mutaciones en los genes de alta penetrancia conocidos. El SCMOH es uno de los más llamativos, ya que en general, se considera que tan solo entre un 20-25% de los casos de alto y moderado riesgo se explican por mutaciones en *BRCA1* o *BRCA2* [5]. Esto significa que en la mayoría de los casos, la fuerte agregación familiar que se observa no tiene una causa genética conocida.

Prevalencia y estado actual

El cáncer de mama, es el cáncer más frecuente y una de las principales causas de mortalidad en la mujer en el mundo occidental ya que cada año 1,38 millones de nuevos casos son diagnosticados y causa 458.000 muertes en el mundo. En países de la Unión Europea se estima que la probabilidad de desarrollar esta enfermedad es del 8% antes de los 75 años [6]. En España, la incidencia de cáncer de mama es una de las más bajas de Europa, aun así se calcula que se diagnostican 22.000 casos de cáncer de mama cada año, que suponen el 30% del total de los tumores diagnosticados en mujeres. En cuanto a la región de Murcia 560 mujeres son diagnosticadas anualmente de cáncer invasivo de mama y alrededor de 180 mueren por esta causa.

Por otra parte, en todo el mundo se diagnostican más de 150.000 casos anuales de cáncer de ovario (CO), el cáncer ginecológico con mayor mortalidad, ya que suele diagnosticarse en estadios avanzados [7].

Como se ha comentado, uno de los principales factores de riesgo es la presencia de cáncer de mama en familiares directos. El riesgo de CM se duplica en parientes de primer grado de mujeres con CM, mientras que el CO se triplica con parientes afectadas de esta enfermedad comparadas con mujeres sin antecedentes familiares [8].

De todos los casos que presentan un componente hereditario, entre un 5 y un 10% es atribuible a mutaciones heredadas de forma autosómica dominante en varios genes de susceptibilidad. Un 15% adicional de mujeres con cáncer de mama presenta algún antecedente familiar, aunque sin un patrón de herencia claro [9].

Genética Molecular

El análisis de ligamiento de familias con múltiples casos de cáncer de mama y cáncer de ovario permitió identificar en 1990 la primera región cromosómica (17q21) candidata a contener un gen de alto riesgo en cáncer de mama hereditario [10]. En 1994, mediante clonación posicional se identificó el gen causal, denominado *BRCA1* ("BReast CAncer gene 1") [MIM *113705] [11]. *BRCA1* es un gen que consta de 24 exones, genera diversos transcritos, y el más importante es el que codifica la proteína de mayor tamaño de 1863 aminoácidos.

Las funciones que ejerce la proteína *BRCA1* mediante los complejos que forma están involucradas en la activación de respuestas frente al daño del DNA y en el control del ciclo celular.

En 1995 se identificó el *BRCA2* ("BReast CAncer gene 2") [MIM *600185], el segundo gen de alta penetrancia implicado en cáncer de mama hereditario [12]. El *BRCA2* se trata de un gen más grande que *BRCA1*, está localizado en el cromosoma 13q12.3 y tiene 27 exones, codifica una proteína de 3418 aminoácidos, la cual tiene menos motivos estructurales identificados.

La función principal de *BRCA2* es la recombinación homóloga (RH), la cual es en base a su capacidad para unirse a la recombinasa de invasión de cadena ("Strand invasion recombinase") *RAD51*.

Aunque no se descarta la posibilidad de identificar un nuevo alelo de alta penetrancia, en la actualidad se sugiere la participación de múltiples genes de susceptibilidad que se distribuyen en tres grupos en función del riesgo relativo con el que estén relacionados. Los grupos en los que se reordenan estos genes son:

-**Genes de alta penetrancia**: Asociados con un riesgo relativo (RR) de CM mayor que 5, los genes *BRCA1* y *BRCA2* son los que confieren mayor número de caracterizaciones moleculares de SCMOH con un 25% de los diagnósticos de este síndrome y otros genes minoritarios pero de alta penetrancia como TP53, PTEN, STK11 y CDH1 que causan el 5% de los CM familiares.

-**Genes de moderada penetrancia**: Confieren un RR de cáncer entre 1,5 y 5. Genes relacionados con la Anemia de Fanconi (AF) como *BRIP1, PALB2, RAD51C* y *XRCC2* y otros genes que no están involucrados en AF como *ATM, CHEK2, NBS1, RAD50, RAD51D* y *RAD51B*. Todos estos genes supondrían un 5% de diagnósticos moleculares de SCMOH.

-**Genes de baja penetrancia**: Presentan un RR en torno al 1,5 son un grupo de al menos 67 genes identificados actualmente, que podrían explicar un 14% de CM familiar.

Comparado con el riesgo de *BRCA1* y *BRCA2*, la combinación de estos genes secundarios supone aproximadamente el 10% del componente genético del riesgo de CM [8]. En estas categorías de alelos de susceptibilidad donde se incluyen variantes con una moderada y baja penetrancia debemos destacar los genes *ATM, CHEK2, PALB2* y *BRIP1*, ya que sus proteínas interaccionan con las proteínas *BRCA1* y *BRCA2* o debido a su participación en las mismas vías de reparación del DNA.

Sin embargo, alrededor de un 51% de pacientes con cáncer de mama familiar que no muestran mutación en estos genes, se clasifican en la categoría familias *BRCAX*. Estas familias pueden, o bien llevar una mutación en un gen de moderada penetrancia sin identificar o por un modelo poligénico donde estarían involucrados varios "loci" de baja penetrancia.

También existen otros modelos genéticos que pueden explicar el riesgo familiar de CM no debido a *BRCA1* ni *BRCA2*. Se han identificado otros genes con mutaciones de alta penetrancia en síndromes hereditarios que incluyen el CM como parte del fenotipo (como el gen *TP53* responsable de la proteína P53 en el síndrome de Li–Fraumeni o el gen *PTEN* que transcribe una enzima fosfatasa en el síndrome de Cowden) [13;14] pero como son alelos de baja prevalencia no se consideran causales de SCMOH.

En total, los dos grupos de genes más importantes comprenden menos del 35% del riesgo familiar de CM [14;15]. Por lo tanto, sigue sin conocerse la causa de la mayoría de las agrupaciones familiares en al menos un 51% de los casos, que puede ser debida a un gran número de variantes, cada una de ellas asociada a un efecto moderado en el riesgo de CM (**Figura 1**).

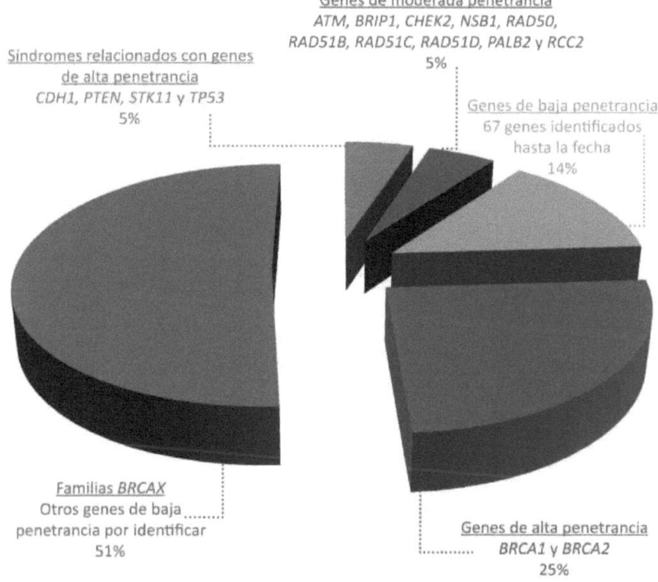

Figura 1: *Genes de susceptibilidad al cáncer de mama.*

En este sentido, un importante estudio fue publicado en 2010 por Meindl y col. en el cual se realiza el análisis de *RAD51C* mediante secuenciación y dHPLC (cromatografía liquida desnaturalizante de alto rendimiento) en 1.100 probandos de familias alemanas con CM/CO sin mutaciones detectadas en *BRCA1* ni en *BRCA2* (*BRCAX*). Como resultados se identificaron seis mutaciones monoalélicas que conferían un aumento de riesgo para CM y CO (dos inserciones, dos mutaciones en lugares de "splicing" y dos mutaciones "missense") ya que limitaban la función de la proteína. Se evidenció una prevalencia mutacional en el gen *RAD51C* de 1,3%, si se seleccionaban las familias con individuos afectos de cáncer de mama y cáncer de ovario, y se descartaban las familias con individuos afectos de solo cáncer de mama [16]. Paralelamente, un reciente estudio realizado con familias españolas, demuestra una prevalencia similar a la descrita en el artículo anterior para las mutaciones encontradas en *RAD51C* [17]. Con respecto al gen *RAD51D*, un importante estudio en población alemana asigna un riesgo relativo de cáncer de ovario de 6,3 en pacientes portadores de variantes génicas patogénicas presentes en dicho gen, sugiriendo que el estudio genético de este gen puede ser de gran utilidad clínica en familias con el SCMOH en las que hay individuos afectos de cáncer de ovario [18].

Fundamento Molecular

Además de *BRCA1* y *BRCA2*, otros genes de susceptibilidad al CM (*ATM, CHEK2, BRIP1 o PALB2*) son esenciales para la estabilidad genómica celular y se han relacionado funcionalmente con la reparación del DNA.

La recombinación homóloga, es un proceso fundamental para la conservación de los organismos ya que mantiene la integridad genómica mediante la reparación de las rupturas de la doble hebra de DNA del inglés "double strand DNA breaks" (DSBs). Estos daños son generados durante la replicación del DNA (fase S del ciclo celular) y preferentemente reparados mediante recombinación con la cromátida hermana. Una disfunción en la RH puede causar un reordenamiento génico aberrante e inestabilidad genómica, dando lugar a traslocaciones cromosómicas, delecciones, amplificaciones y pérdida de heterozigosidad (LOH), fenómeno por el cual un "locus" (posición precisa de un gen en un cromosoma) pierde una de las copias de un gen.

La importancia del correcto funcionamiento del proceso de RH se pone de manifiesto en patologías como la Anemia de Fanconi y otros síndromes neoplásicos que comparten inestabilidad cromosómica en la infancia, anomalías en el desarrollo y predisposición a leucemias y otros tipos de cáncer. En estos síndromes se han observado mutaciones bialélicas, en homicigosis de los genes *BRCA2, PALB2 y BRIP1.* Estas evidencias sugieren que, en el caso del gen *BRCA2*, cuando se presentan dos alelos con la misma mutación es causante de AF, sin embargo si solo uno de ellos está mutado está relacionado con CM.

La RH parece ser más importante para corregir los errores por replicación que los daños exógenos del DNA en el DSB, en cuyo caso podrían ser utilizadas otras vías de reparación (**Figura 2**) [19]. De manera similar, la supresión tumoral estaría íntimamente relacionada con la corrección de errores de la replicación en lugar de la reparación del DSB ya que si no se resuelve el daño, las células pueden permanecer detenidas hasta que se activa una vía apoptótica. En ausencia de tales respuestas de control, no se podrá dar el tiempo suficiente para que el DSB esté totalmente reparado antes de la entrada en mitosis y puede conducir a la inestabilidad del genoma, que se manifiesta con la pérdida cromosómica y/o su segregación anómala ("missegregation").

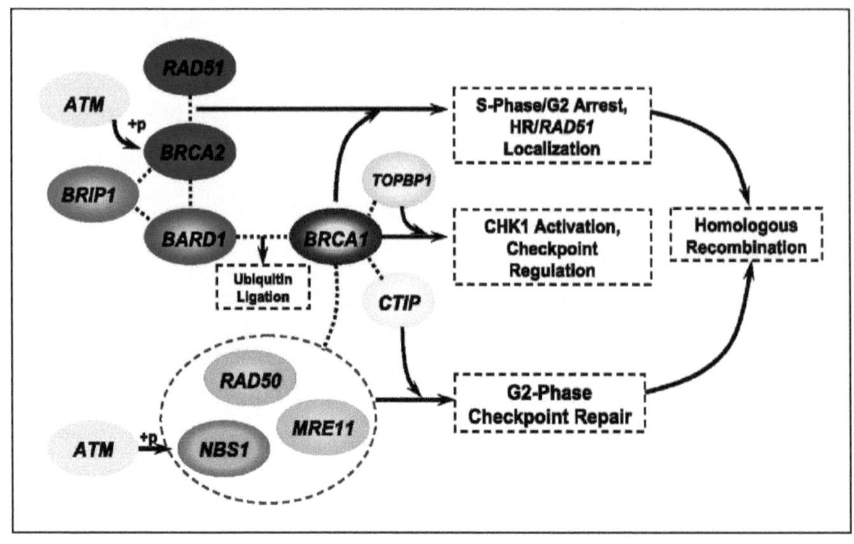

***Figura 2**: Recombinación Homóloga* (13).

La expresión de *BRCA1* y *BRCA2* en condiciones normales está relacionada con el crecimiento y diferenciación de las células epiteliales mamarias, especialmente durante la gestación y la lactancia. Aunque estos genes se expresan de forma ubicua, parece que su actividad repercute especialmente en las células de la mama [20].

Estos genes actúan en la reparación de DNA (evitan la transformación neoplásica), y siguen un modelo de herencia autosómica dominante de alta penetrancia. Los portadores de mutaciones en alguno de estos genes tienen un riesgo alto de desarrollar cáncer de mama y/u ovario a lo largo de su vida. Por tanto, la detección de estas mutaciones permite la localización de individuos asintomáticos portadores que tienen un riesgo alto de desarrollar un cáncer en el transcurso de su vida.

BRCA1 alberga una región amino-terminal altamente conservado (dominio *RING*), un dominio "coiled-coil" y dominios en tándem en la región carboxilo-terminal (dominios *BRCT*). El dominio *RING* es un motivo en el que se encuentran numerosas ligasas de ubiquitina (E3) que media la ubiquitinación de proteínas. Las secuencias que abarcan este domino median una asociación estable con *BARD1* ("BRCA1-Associated RING domain protein 1") [21]. La formación del dímero *BRCA1/BARD1* está implicada en el mantenimiento de la estabilidad genómica y en la supresión tumoral a través de su participación en la señalización de los daños del DNA, la reparación del DNA y la regulación de la transcripción [22].

La ubiquitinación de *CTIP* por *BRCA1* está involucrada en la reparación de DSB a través de su interacción con el complejo *MRN* (formado por *MRE11, RAD50* y *NBS1*). El dominio N-terminal de *BRCA1* interactúa con otro dominio *RING* similar denominado *BARD1* y así forman un heterodímero E3 ligasa. Se requiere la interacción de *BARD1* para estabilizar la conformación del dominio *RING* de *BRCA1* para la actividad E3. Esta ubiquitinación estabiliza *BRCA1* y aumenta su actividad E3, involucrada en la reparación de DSBs y la remodelación de la cromatina.

También se ha visto la implicación de *BRCA1* que fosforilándose en la última fase de la RH recluta a la proteína *RAD51* hacia los "loci" de DNA dañado mediante su interacción con *BRCA2* [23]. El complejo *BRCA1-BARD1* está implicado en la activación de los puntos de control de G1/S (a través de la fosforilación de *BRCA1* mediante *ATM* o *ATR*), la fase S y G2/M [24]. El complejo *TOBP1* ("*BRCA1-BRIP1*-DNA topoisomerase II-binding protein 1") es necesario en el control de la fase S y la replicación de DNA [25].

La proteína *BRCA1* es capaz de formar numerosos complejos, donde cada uno de ellos actúa en la activación de la repuesta al daño de DNA, en el control de la activación del ciclo celular y/o en la reparación de la rotura de la doble hebra.

Por otro lado tenemos la proteína *BRCA2* que contiene ocho repeticiones *BRCT*, cada uno de los cuales se puede unir a *RAD51*, y a un dominio de unión al DNA ("DNA domain"). *BRCA2* media el reclutamiento de la recombinasa *RAD51* hacia los DSBs y es responsable de la función supresora de tumores de este proceso de reparación [26]. Además, el extremo C-terminal de *BRCA2* contiene una quinasa dependiente de ciclina (*CDK*), que también se une a *RAD51* [27].

Se ha visto que *RAD51* cataliza el paso bioquímico definitivo de la RH: el intercambio de las hebras [28], durante los cuales el DNA monocatenario (ssDNA) invade el DNA dúplex homólogo, desplazando la hebra idéntica del dúplex y la formación de un desplazamiento bucle.

Recientemente, se identificó una mutación "missense" en homocigosis en el gen *RAD51C* (17q22-q23) en una familia con características de AF y alta susceptibilidad celular a agentes causantes de lesiones en el DNA. Este gen de la familia *RAD51* está involucrado en la reparación del DNA por recombinación homóloga. La proteína se acumula en los lugares de lesión del DNA junto con *RAD51*, actúa en algunas fases del proceso de reparación y participa además en la activación de *CHEK2* y en el paro del ciclo celular como respuesta al daño en el DNA. Por lo tanto, *RAD51C* contribuye a preservar la integridad del genoma [29].

II. HIPÓTESIS

Desde abril del 2007 hasta la actualidad, la consulta de Consejo Genético de Cáncer Hereditario del Servicio de Oncología del Hospital Clínico Universitario Virgen de la Arrixaca (HCUVA), realiza la valoración de varios síndromes de cáncer hereditario, entre los que se encuentra el síndrome de cáncer de mama y ovario hereditario. De todas las familias derivadas, y bajo unos criterios de selección de alto riesgo para este síndrome, se ha solicitado el estudio genético de los dos genes recomendados por las guías clínicas (*BRCA1* y *BRCA2*) en un total de aproximadamente 600 casos índices, estudio realizado en el Laboratorio de Diagnóstico Genético (LDG) del Servicio de Análisis Clínicos del HCUVA. Teniendo en cuenta, que en alrededor del 20% de las familias estudiadas se han encontrado variantes génicas patogénicas, aún queda un alto porcentaje de familias no caracterizadas genéticamente.

En la actualidad, hay varios estudios publicados en los que también se describe un riesgo aumentado de cáncer de mama y ovario en pacientes portadores de variantes génicas presentes en otros genes de susceptibilidad. Sin embargo, la distribución y frecuencia de estas variantes puede ser muy distinta según el área geográfica analizada. En la Región de Murcia, disponemos de un importante registro, tanto de las variantes patogénicas, de variantes de significado clínico desconocido y de variantes no patogénicas obtenidas de los estudios genéticos realizados en las familias seleccionadas, donde ya se ha descrito la presencia de mutaciones fundadoras [30]. Es de vital importancia el estudio de otros genes de susceptibilidad de cáncer de mama y ovario hereditario para establecer relaciones entre las variantes génicas obtenidas y el fenotipo de la enfermedad (correlación genotipo-fenotipo), ya que supone una herramienta de enorme importancia en el asesoramiento genético.

Así pues, en el caso de encontrar variantes patogénicas en alguno de los genes del estudio, con una prevalencia similar a lo descrito en la bibliografía, se procederá a incorporar el estudio genético de ese gen en concreto a la cartera de servicios del hospital HCUVA, con el fin de aumentar así el rendimiento de los test genéticos realizados. De esta manera, además de los casos índices, un gran número de familiares se podrán beneficiar de los resultados obtenidos tras la realización de esos test genéticos adicionales.

III. OBJETIVOS

1. Rastreo mutacional de los genes *RAD51C* y *RAD51D* en pacientes de la Región de Murcia que cumplan los criterios de selección para el síndrome de cáncer de mama y ovario hereditario, referidos a la Unidad de Consejo Genético del Hospital Universitario Virgen de la Arrixaca durante los años 2007 y 2014, en los que no se ha encontrado ninguna variante patogénica en los genes *BRCA1* y *BRCA2*, ni ningún gran reordenamiento génico.
2. Clasificación de las variantes encontradas en los genes *RAD51C* y *RAD51D* de acuerdo a su tipo e implicaciones fisiopatológicas según el efecto que provocan.
3. Estudio de las variantes de efecto desconocido detectadas mediante estudios bioinformáticos.
4. Estudio de la correlación genotipo-fenotipo en variantes patogénicas y de significado incierto encontradas en el estudio genético.
5. Reclutamiento de controles sanos para la valoración de las variantes génicas encontradas durante el estudio.

IV. METODOLOGÍA

1. Reclutamiento de pacientes

De la cohorte de aproximadamente 600 casos índices pertenecientes a familias que cumplen criterios de alto riesgo para el síndrome de cáncer de mama y ovario hereditario fueron seleccionados, por parte de los facultativos que componen la Consulta de Consejo Genético, aquellos casos que tenían finalizado el estudio genético de los genes *BRCA1/2*, que no fueron portadores de variantes génicas patogénicas en estos genes y que dieron negativo en el análisis de grandes reordenamientos génicos. De éstos, se reclutaron para el presente estudio aquellas familias de alto riesgo que cumplían los criterios de inclusión considerados por los miembros de la Consulta de Consejo Genético, donde se tuvo en cuenta las recomendaciones bibliográficas específicas para cada uno de los genes. A estos pacientes se les amplió el estudio molecular de los genes candidatos *RAD51C* o *RAD51D*.

Antes de la realización de la prueba se informó a los pacientes, mediante consentimiento informado, del objetivo del estudio y de las repercusiones y limitaciones de las pruebas genéticas (**ANEXO 1**).

2. Estudio genético

2.1 El estudio genético de los genes *RAD51C* y *RAD51D* de los pacientes seleccionados, así como la interpretación de las variantes génicas obtenidas fue llevado a cabo por los facultativos del LDG. Utilizando la genoteca disponible en el LDG del Servicio de Análisis Clínicos del HCUVA, el DNA de las muestras seleccionadas será utilizado para amplificar mediante PCR todos los exones de ambos genes y las fronteras exón-intrón de los mismos.

2.2 Caracterización clínica de las variantes genéticas encontradas mediante búsqueda en bases de datos: La relevancia clínica de las variantes génicas en el estudio fue consultada en las publicaciones actuales y en las distintas bases de datos disponibles: "Human Gene Mutation Database" (HGMD), "Leiden Open Variation Database" (LOVD), "dbSNP" (NCBI) y "Ensembl". En función de la información obtenida, las variantes fueron clasificadas como: no patogénicas, de significado clínico desconocido o incierto (VSD/VSCI) y patogénicas.

2.3 Estudio de cosegregación familiar en el caso de variantes génicas patogénicas y de VSCI: El personal de enfermería de la consulta de Consejo Genético de Cáncer Hereditario se puso en contacto por vía telefónica con los familiares del caso índice a estudio, los cuales serán derivados a dicha consulta, y tras recibir el asesoramiento genético por el oncólogo correspondiente, se les realizó una extracción de sangre periférica. Tras esto, las muestras fueron enviadas al LDG, para ser procesada mediante una extracción automatizada del DNA.

2.3 Valoración de la relevancia clínica de las variantes de significado clínico desconocido: En el caso de que la variante obtenida en el estudio no estuviese publicada ni registrada en ninguna de las bases de datos consultadas, se procedió a realizar un estudio bioinformático predictivo de la posible patogenicidad de la misma, así como la estimación de la frecuencia alélica para el cambio detectado en la población de controles sanos. Para los estudios bioinformáticos se utilizaron los programas disponibles según los cambios encontrados:

-Variantes "missense": "Grantham Score Matrix" (GMS), "Align-GVGD", "SIFT", "Poliphen-2", "pMut"

-Variantes "missense" y silentes: "MutationTaster"

-Efecto de las variantes en el "splicing": "Splice Site Finder", "NNSplice" y "MaxEntScan"

3. Procedimiento

3.1 Extracción de DNA genómico

Se trabajó a partir de una muestra de sangre periférica en tubo con anticoagulante EDTA. Desde 400μL de la muestra se extrajo el DNA (ácido desoxirribonucleico) genómico de todos los casos índices mediante el sistema automático de Promega (Maxwell 16 Blood DNA Purification Kit. **Figura 3**). Esta técnica está basada en la interacción de unas partículas paramagnéticas que funcionan como una fase sólida móvil que optimiza la captación, lavado y elución del DNA presente en los leucocitos de la muestra.

Figura 3. *Maxwell 16 System.*

Tras la extracción, se midió la concentración y pureza del DNA mediante espectrofotometría utilizando el equipo de Thermo Scientific, Nanodrop 1000 (**Figura 4**). Las medidas se realizaron a longitud de onda de 260 nm, a la que absorben los ácidos nucleicos informándonos de la concentración de DNA en ng/μL. La relación obtenida entre las absorbancias a A260/A280 nm determina la calidad del DNA extraído, considerándose un ratio entre 1,5-1,8 como aceptable.

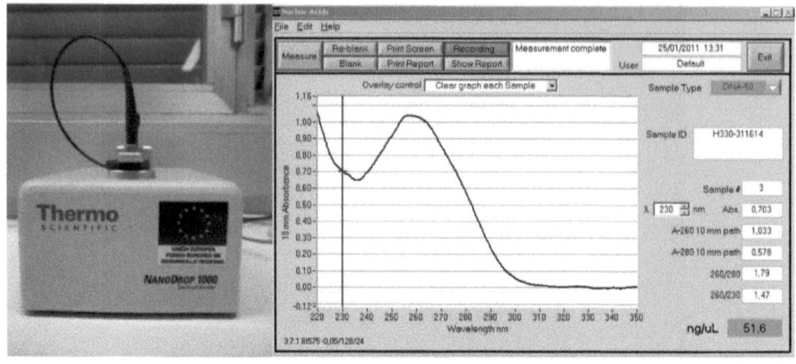

Figura 4. *(A). Curva de absorbancia de una muestra de DNA medida en el Nanodrop1000 (Termo.) (B). Nanodrop1000 (Termo)*

3.2 Amplificación y purificación de DNA genómico

Para la amplificación fue necesario usar unos cebadores o "primers" que estuviesen flanqueando las zonas exónicas a estudiar, para ello fue necesario diseñar estos "primers" en función de la secuencia complementaria diana que queríamos amplificar. Para obtener el doble de rendimiento usamos dos primers uno en sentido "*Forward*" y otro en sentido contrario "*Reverse*" de la cadena complementaria, los dos van en el sentido 5'→3' de la cadena.

Los cebadores utilizados para las amplificaciones vienen detallados en la **Tabla 1** para el gen *RAD51C* y en la **Tabla 2** para el gen *RAD51D*, también se indica la temperatura de "melting" media (Tªm) recomendada por el fabricante o determinada experimentalmente en el laboratorio y el tamaño de los amplicones resultantes.

Utilizamos como secuencia de referencia la isoforma A, la más larga del gen *RAD51C* (NM_058216.1, OMIM *602724). Se amplificaron cada uno de los 9 exones del gen *RAD51C* mediante la técnica de Reacción en Cadena de la Polimerasa o "Polymerase Chain Reaction" (PCR).

Exón	Tª m	Cebador	Tamaño del amplicón (bp)
1	58º	F 5´-T AGCAGAATCTAACGGAGACT-3´ R 5´-ACAAGACTGCGCAAAGCTG-3´	294
2	58º	F 5´- TCCACTCCTAGCATCACTGTT -3´ R 5'- CCCACCCTTAAAAGGAGAAC -3´	399
3	60º	F 5´-TCATGATTTGGTTGTTTGTCATC-3´ R 5´- GGTCTCAGATGGGCACAAAT-3´	274
4	60º	F 5´- TGCCAATACATCCAAACAGG-3´ R 5´- CAGGCAAACGCTATTTTGAC-3´	249
5	60º	F 5´- TCTTGGAGAGAGAGAGCATTTT-3´ R 5´-CAGGCAAACGCTATTTTGAC-3´	299
6	62º	F 5´- TGGGGTTTCACAATCTTGG-3´ R 5´- GTCTGCTTTCATGAAGCGTATAGT-3´	251
7	60º	F 5´- TCTTGGAGAGAGAGAGCATTTT-3´ R 5´- GTCTGCTTTCATGAAGCGTATAGT-3´	243
8	62º	F 5´- ACGGGTAATTTGAAGGGTGT-3´ R 5´- AGCATCAAAAGCTGTCCTCA-3´	362
9	62º	F 5´- GCCTGGCCCTAGAATAAAGT-3´ R 5´- GGTATTTTTCCCATTCACTTCA3-3´	341

Para el otro gen también utilizamos como secuencia de referencia la isoforma A, la más larga del gen *RAD51D* (NM_001142571.1, OMIM *602954). Se amplifican cada uno de los 10 exones del gen *RAD51D* mediante PCR.

***Tabla 1**: Cebadores del gen RAD51C*

Exón	Tª m	Cebador	Tamaño del amplicón (bp)
1	62º	F 5'-TGTCCTCTCTAGGAAGGGGTA-3' R 5´-AGGTATGCCAGGGCAGTG-3´	345

2	60º	F 5´- AGGCCCCAGTCCTCTCTG -3´ R 5'- AGACACTCAGGTTTGGAATGTG -3´	230
3	58º	F 5´- TTTGTTGCTGAGCAGTCTGG-3´ R 5´- CCTCCTGCCTCTCTCCTTCT-3´	317
4	58º	F 5´- TTTTCCCCTGTCTTCCTCCT-3´ R 5´- ACCACCCTCACCCCTAAATC-3´	263
5	58º	F 5´- CCATCTGGACCCTCTCTGAA-3´ R 5´- GGGGTTTTCCTGTGTCAGAA-3´	305
6	58º	F 5´- CCCCCTACTCCCTCTTATCC-3´ R 5´- AGTAGGACACCTGCCCACAG-3´	225
7	58º	F 5´- GCTGACAGGTTCATGAGTGC-3´ R 5´- GCCAGAGACCAGACTCCAGA-3´	234
8	58º	F 5´- CCTCCCTCTCTGCTTCTCCT-3´ R 5´- TTTGGGGTTCAGAAGCTGAC-3´	324
9	58º	F 5´- AGCATTATGGATCTGTAAGTCTG-3´ R 5´- CCTCCAGGGCCCAAGATTA-3´	223
10	58º	F 5´- GAGGCTGAAACCTTGCAACT-3´ R 5´- CAGGCGTTACTGGGAAGAAA-3´	350

***Tabla 2**: Cebadores del gen RAD51D*

La PCR es una técnica de biología molecular, cuyo objetivo es obtener un gran número de copias de un fragmento de DNA de un determinado exón del gen que estemos estudiando de un paciente en concreto, partiendo de una mínima concentración de DNA.

Esta técnica sirve para amplificar un fragmento de DNA, en este caso cada uno de los exones de los genes *RAD51C* y *RAD51D* por separado para posteriormente poder obtener su secuencia.

Las reacciones de amplificación se realizaron en un volumen final de 25µL, los componentes de la reacción de PCR, sus concentraciones y el volumen utilizado de cada uno viene determinado en la **Tabla 3**.

Componentes PCR	V (µl)	V (µl) X 5	[Final]
Agua	X (10.88)	54.4	-
Buffer (5 X)	5	25	1X
Cl_2Mg (25 mM)	Y (2)	10	2 mM
Primer Forward (10µM)	1	5	0.4 µM
Primer Reverse (10 µM)	1	5	0.4 µM
DNTPs (2mM)	2.5	12.5	0.2 mM
Taq/Promega (5U/µl)	0.125	0.625	0.625 U
DNA genómico (20 ng/µl)	2.5	-	50 ng
Vf	25		

***Tabla 3**. Reacción en Cadena de la Polimerasa*

Los termocicladores usados fueron los siguientes: "2720 Thermal Cycler" de "Applied Biosystems", "GeneAmp PCR System 9700" y modelo "Veriti" de la misma casa. El kit enzimático escogido para las amplificaciones fue el "Promega Go Taq Hot Start polymerase". La enzima de la casa comercial "Promega" necesita un tiempo de activación menor que otras de las que están disponibles en el mercado, además reduce la formación de productos inespecíficos y la formación de dímeros de cebadores.

La PCR se realizó en varias fases dentro del termociclador:

- Fase de reactivación de la polimerasa a 94ºC durante 2 minutos.

- Ciclos de PCR 30-35 ciclos
  - 1°: Desnaturalización de hebra molde a 94°C durante 1 minuto
  - 2°: Tª annealing que varía en función del cebador que varían desde 58°C a 62°C como indica en a tabla durante 45 segundos
  - 3°: Fase de extensión final a 74°C durante 7 minutos

- Una vez que han finalizado los ciclos de la PCR, los productos amplificados permanecen a 4°C (programado como HOLD) hasta que se recogen del termociclador.

Para verificar la correcta amplificación de los fragmentos, se realizó una electroforesis en gel de agarosa al 1.5% con tampón TBE 1X (Tris 89mM –ácido bórico 89 mM–EDTA 2mM a pH8,4. "Bio-Rad") utilizando para el revelado "GelRed" (0,1 µL GelRed/1µL gel) "GelRed Nucleic Acid Gel Satín, 10000X in Water", una solución de tinción fluorescente de ácido nucleico que sustituye al bromuro de etidio (muy tóxico), utilizado habitualmente en los laboratorios de biología molecular para la tinción del DNA de doble cadena. Se cargó aproximadamente 3µL de producto amplificado junto con 1 µL de tampón de carga 0,25% (W/V) azul de bromofenol, 0,25% (W/V) cianol xileno, 30% (V/V) de glicerol en agua. El tamaño de las muestras se comparó con un marcador de tamaño de peso molecular "pGEM DNA Markers" de "Promega". Se utilizaron para el revelado el trasiluminador "Alpha Innotech" y la cámara "PowerShot A640 AiAF" de Canon.

A continuación se purificaron los amplicones mediante un método enzimático, con el kit "Exosap-It" (**Figura 5**). Este kit incluye dos enzimas, la exonucleasa I, que elimina las cadenas simples de DNA residuales que se puedan formar en la PCR o restos de cebadores y una fosfatasa alcalina que elimina los restos de dNTPs. Se mezclaron 5µL del producto de reacción de

PCR con 2μL de "Exosap-It", se incubó 15 minutos a 37ºC y seguidamente 15 minutos a 80ºC para su inactivación.

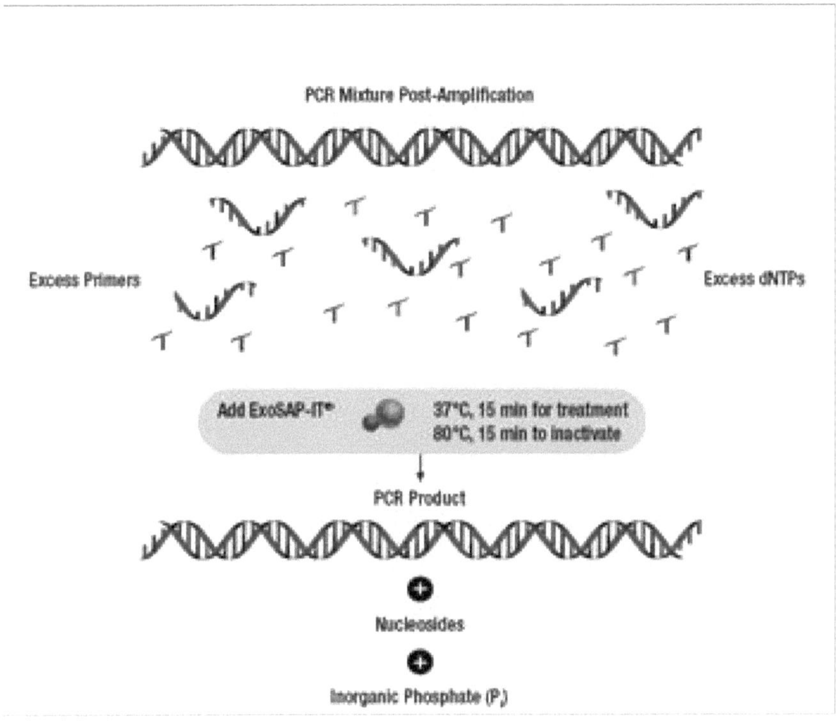

Figura 5: *Reacción enzimática para la purificación del producto de PCR*

3.3 Reacción de secuenciación

Mediante una secuenciación bidireccional pudimos detectar alteraciones en la secuencia génica. Se realizó una nueva PCR con el amplicón purificado empleando el Kit "BigDye Terminador" (BDt) v1.1 de

"Applied Biosystems", una adaptación de la reacción enzimática dideoxi de Sanger (1977). Las secuencias se analizaron por electroforesis capilar en el equipo "ABI3130", un analizador de cuatro capilares también de "Applied Biosystems".

Para la reacción de secuenciación se utilizaron los mismos cebadores que para la PCR pero a una concentración menor de 3,2 μM. Se trabajó con un volumen final de 5 μL; 1,75 μL "Buffer enhancer sequencing" (10X), 1,5 μL agua miliQ, 0,25 μL de BDt v1.1, 0,5 μL cebador ("Forward" o "Reverse" 3,2 μM) y por último 1 μL del producto de PCR (**Tabla 4**).

PCR de secuencicación	**Vol (μL)**
H_2O	1,5
Buffer enhancer sequencing" (10X)	1,5
BigDye	0,5
Cebador F ó R	0,5
Amplicón purificado	1
Vol. Total	5 μL

Tabla 4: *Reacción de Secuenciación*

La reacción de secuenciación o PCR de secuenciación sigue el siguiente esquema (**Figura 5**):

1ª fase: Amplificación.

A. El segmento de ADN que se pretende secuenciar se amplifica por PCR, utilizando nucleótidos normales (es decir, dATP, dTTP, dGTP y dCTP) y dideoxinucleótidos marcados con fluorescencia (es decir, ddATP, ddTTP, ddGTP, ddCTP) (los dideoxinucleótidos detienen la elongación de la cadena).

B. El segmento de ADN se copia cuando se incorporan nucleótidos normales. El proceso de copiado se interrumpe cuando se incorpora un dideoxinucleótido. Mediante este proceso, se producen múltiples fragmentos de ADN de diferente tamaño, marcados con fluorescencia.

Clave: Nucleótidos utilizados en la reacción PCR

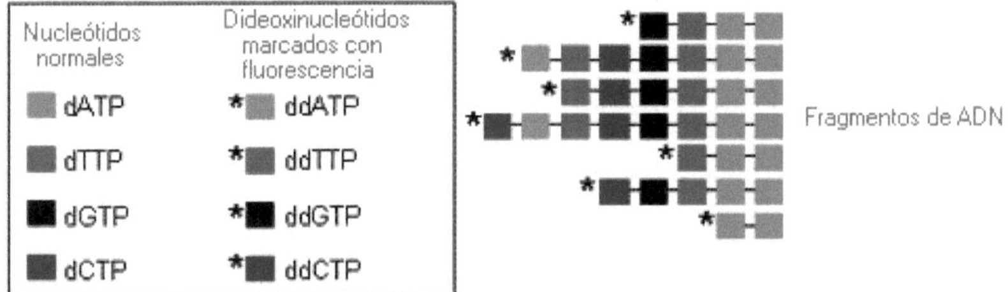

2ª fase: Determinación de las secuencias. Se clasifican los fragmentos de acuerdo con su longitud. Una máquina secuenciadora lee las longitudes de onda fluorescentes para determinar qué nucleótido se encuentra en el extremo de cada fragmento.

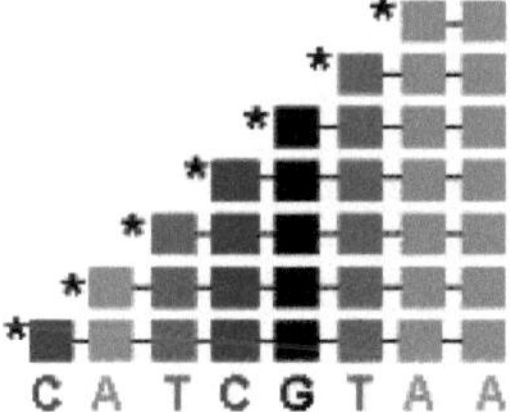

3ª fase: Representación de las secuencias. Los datos de las secuencias se representan típicamente en un electroferograma, en forma de picos de color. Cada pico representa un nucleótido y lleva su correspondiente letra sobre él.

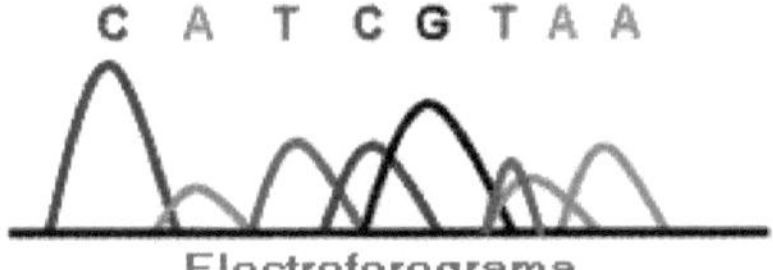

Longitud de onda	Nucleótido
Rojo	T
Verde	A
Azul	C
Negro	G

***Figura 5**: Esquema de la reacción de secuenciación.*

- Fase de desnaturalización de las cadenas de DNA a 96ºC durante 1 minuto.

-Ciclos de PCR
- 1º: Desnaturalización de hebra molde a 96ºC durante 1 minuto
- 2º: Tª annealing de hibridación del cebador a 50ºC durante 5 segundos
- 3º: Fase de extensión final a 60ºC durante 4 minutos

3.4 Purificación de la reacción de secuenciación

Tras la reacción de secuenciación se eliminaron los restos de dNTPs sobrantes y posibles impurezas con las columnas "EdgeBio" ("Performa DTR Dye Terminator Removal Gel Filtration Cartridges"). Este kit se basa en la descripción de Sambrook et al. (1989) de filtración de DNA en gel para separar fragmentos de más de 16 pares de bases (pb) de restos de dideoxinucleótidos marcados, dNTPs y otras sales o compuestos de bajo peso molecular (elimina hasta el 98% de sales presentes).

El protocolo a seguir fue el siguiente:

-Se centrifugaronn las columnas a 3000 rpm durante 2 minutos.

-Se retiró el agua restante y colocamos la columna en un vial de 1,5ml nuevo.

-Se añadió a los 5μL de la reacción de secuenciación 10μL de agua miliQ, el volumen final (15μL) y se depositó en el centro de la columna.

-Se volvió a centrifugar a 3000 rpm durante 2 minutos.

-Se añadió 10 μL de Formamida Hi-Di de "Applied Biosystems" para desnaturalizar la doble hebra del DNA, seguidamente se traspasaron las muestras purificadas a una placa de 96 pocillos ("MicroAmpTM".

"Optical 96-Well Reaction Plate". "ApliedBiosystems") adaptada para el secuenciador.

3.5 Secuenciación automática directa por electroforesis capilar

La electroforesis capilar (EC) es una técnica de separación utilizada para separar las diferentes moléculas presentes en una disolución de acuerdo con la relación masa/carga de las mismas, los fragmentos a analizar se encontraban unidos a marcas fluorescentes, que fueron detectadas por un láser que las excitó a distintas longitudes de onda, lográndose así el análisis de múltiples fragmentos al mismo tiempo, los de menor peso molecular viajan más rápido a través del capilar y los de mayor peso molecular lo hacen más lentamente.

4. Análisis de los datos

4.1 Alteraciones en la secuencia

El análisis de las secuencias se realizó con los programas bioinformáticos "SeqScape v2.5™" y "Sequencing Analysis 5.2". Dentro de la secuencia pudimos encontrar distintos tipos de alteraciones que dependiendo de su significado repercutieron más o menos en la proteína que codifican los genes *RAD51C* y *RAD51D*. Para la interpretación de estos resultados tuvimos en cuenta cierta información:

Información Básica:

- <u>Tipo de mutación</u>
  - Silentes "silent": cambio de nucleótido sin cambio de aminoácido, no suelen ser patogénicas (excepto zonas de "splicing").

- Mutaciones que afectan a la maduración del ARNm ("splicing"): El resultado es la inclusión o exclusión de exones de la proteína, dependiendo del punto de "splicing".
- Sin sentido "nonsense": no afectan a la secuencia de aminoácidos codificados sino que se genera un codón de stop (UAA, UAG o UGA) que interrumpe la traducción de la proteína prematuramente.
- Sentido erróneo "missense": la sustitución de una base origina un nuevo triplete o codón que codifica un aminoácido diferente.
- Deleciones o inserciones que alteran el marco de lectura ("frameshift"): son mutaciones que la deleción o inserción de un nucleótido conlleva un desplazamiento del marco de lectura de los tripletes.
- Deleciones o inserciones que no alteran el marco de lectura: son pequeñas deleciones o inserciones que son múltiples de 3 y por lo tanto introducen o eliminan uno o pocos aminoácidos, pero no cambian el marco de lectura de los tripletes.

➢ Región del gen y de la proteína afectada:

- Exones > región intrónica flanqueante > intrón
  - Región intrónica. Estas variaciones génicas pueden afectar a las zonas de reconocimiento de la maquinaria del corte y empalme, o pueden dar lugar a una posible eliminación o aparición del sitio aceptor o donador de "splicing".
- Efecto dependiente de la región funcional de la proteína

➢ Conservación filogenética de los aminoácidos:

- Cambios en las zonas más conservadas entre especies o isoformas suelen ser más deletéreas (patogénicas) que en otras zonas.

- Estudios bioinformáticos:

  - ***HGMD*** (http://www.hgmd.cf.ac.uk/ac/index.php): Amplia base de datos privada sobre mutaciones de enfermedades hereditarias humanas en la investigación genética y genómica [32].
  - ***LOVD*** (http://www.lovd.nl/3.0/home): Se trata de una base de datos pública desarrollada por "Leiden University Medical Center" en Holanda, diseñada para recopilar información de todo tipo de variantes de una gran cantidad de genes [33].
  - ***Ensembl Genome Browser*** (http://ensembl.org/index.html): Proyecto de investigación bioinformática de genomas eucariotas y de libre acceso.
  - ***NCBI*** (http://www.ncbi.nlm.nih.gov/): Su base de datos SNP es de gran utilidad para la búsqueda de polimorfismos.
  - Cuando son mutaciones de sentido erróneo ("missense") hay correlación entre los cambios fisicoquímicos entre aminoácidos y como pueden afectar a la proteína, en este caso son muy útiles estudios in-sílico basados en algoritmos que predicen la gravedad de la variante:
    - Cuando se trata de variantes intrónicas se utilizan programas de análisis como el "MaxEnt" [34], "NNSPLICE" [35] y "HSF" [36].
    - Para el análisis variantes en regiones codificantes usamos los programas bioinformáticos "SIFT" [37] y "Mutation Taster" [38] como predictores de patogenicidad.
  - Son estudios indicativos y predictivos, nunca suficientes para confirmar o descartar patogenicidad.
- Estudios funcionales y modelos animales: poco viables en un laboratorio clínico.

Información clínica:

- Ausencia en controles sanos: Es importante el estudio de al menos 200 alelos de individuos sanos de la misma población para validar la patogenicidad de las variantes.
- Cosegregación de la mutación con la enfermedad:
  - Valorar los posibles patrones de herencia y los casos de penetrancia incompleta.
  - Dificultad en los casos con varias mutaciones (algunos afectos tendrán sólo una mutación).
- Descripciones previas de la mutación: Información sobre penetrancia, evolución y correlaciones genotipo-fenotipo.

4.2 Análisis de los resultados y estadística

Se analizaron las mutaciones con el fin de evaluar el perfil mutacional de nuestra población, calculando la prevalencia de éstas.

También se realizó un análisis por subgrupos clínicos (cáncer de mama bilateral/ cáncer de ovario/ cáncer de mama y ovario), con el fin de conseguir un estudio genotipo-fenotipo.

El estudio de las familias con variantes génicas fue importante para recopilar información muy valiosa sobre la penetrancia de la variante y en consecuencia aportar información muy útil en los modelos de predicción de riesgo.

V. DIFICULTADES Y LIMITACIONES

El tamaño muestral necesario para alcanzar todos los objetivos debe ser amplio, por lo que el estudio se puede alargar en el tiempo.

El estudio abarca un periodo amplio de tiempo, y las determinaciones inmunohistoquímicas sobre tejido tumoral han variado a lo largo de este periodo, por lo que el perfil inmunohistoquímico puede aportar datos diversos según la fecha de estudio.

La recogida de datos clínicos y demográficos de algunos pacientes puede ser dificultosa por la diversidad de origen de los pacientes. Los pacientes de la consulta de Consejo genético proceden de los distintos hospitales de la región de Murcia.

VI. ASPECTOS ÉTICOS

Las características del diseño de nuestro estudio, descriptivo transversal, implicó un balance riesgo-beneficio de los pacientes claramente favorable, ya que no se realizó una intervención de alto riesgo sobre los individuos.

Todos los pacientes incluidos en el estudio debieron cumplimentar una hoja de consentimiento informado, así como los familiares de primer grado a estudiar.

VII. FLUJO DE TRABAJO

Etapas de desarrollo

Etapa 1: Optimización de las condiciones para las distintas técnicas moleculares.

Etapa 2: Revisión y selección de los casos retrospectivos de los que se disponga de muestra de calidad en los archivos del LDG

Etapa 3: Reclutamiento pacientes en el apartado prospectivo que cumplan los criterios de inclusión. Estos pacientes fueron informados en la Unidad de Consejo Genético por los Facultativos responsables del servicio de Oncología Médica. Ellos mismos les proporcionaron información sobre los aspectos éticos y la repercusión de las pruebas genéticas. Antes de la extracción de sangre el paciente debe firmar el consentimiento informado.

Etapa 4: Recepción de muestras en el LDG y extracción de DNA para la realización de las técnicas moleculares descritas en el apartado de métodos del presente trabajo. En la **figura 6** se muestra el diagrama de flujo en el procesamiento de las muestras.

Etapa 5: Revisión de la información clínica disponible de los casos retrospectivos y de los incluidos de forma prospectiva durante el desarrollo del proyecto (edad de diagnóstico de la enfermedad, antecedentes familiares, inmunohistoquímica, etc.). Los datos recogidos se incluyeron en una base de datos generada específicamente para dicho proyecto.

Etapa 6: Procesamiento y análisis de datos.

Etapa 7: Elaboración del informe final y publicación de los resultados.

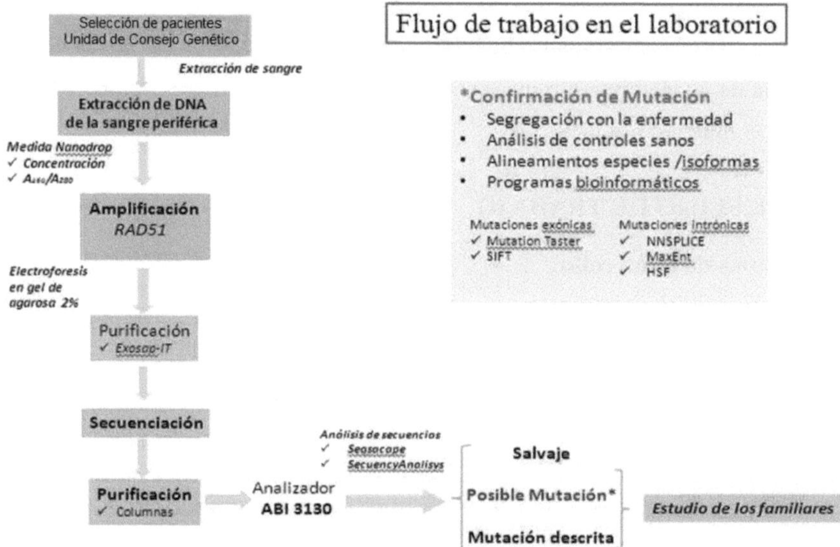

Figura 6: *Flujo de trabajo en el LDG*

Distribución de las tareas

Los experimentos para los estudios moleculares y bioinformáticos fueron coordinados por el responsable del Laboratorio de Diagnóstico Genético del HCUVA.

La revisión de la información clínica disponibles de los casos fue recogida por los facultativos de oncología y análisis clínicos.

Desde el inicio del estudio se reclutaron pacientes en el apartado correspondiente que cumplían los criterios de inclusión y que firmaron el consentimiento informado. Este proceso se llevó a cabo en la Unidad de Consejo Genético de cáncer hereditario asistida por los facultativos del servicio de Oncología Médica de dicho hospital.

La revisión de la inclusión de los pacientes se llevó a cabo en la reunión del comité de cáncer de mama y ovario multidisciplinar con carácter semanal.

Tras la elaboración del informe final se comunicaron los resultados en dicha reunión y se valoró en común la estrategia a seguir.

VIII. PLAN DE DIFUSIÓN, APLICABILIDAD Y UTILIDAD PRÁCTICA

Destaca la aplicabilidad de los resultados en la práctica clínica al tratarse de un proyecto de investigación transversal. La finalidad del proyecto es aportar conocimientos para el manejo clínico de las familias con SCMOH que no presentan variantes en los genes *BRCA1* y *BRCA2*. Los resultados fueron útiles en la valoración de *RAD51C* y *RAD51D* como predictores de riesgo en el síndrome de SCMOH y en el diseño de un modelo de predicción de riesgo global con otros genes que nos permitió rentabilizar al máximo los recursos para el diagnóstico molecular de mutaciones asociadas al SCMOH.

Desde el punto de vista de la evidencia médica cabe esperar que los resultados preliminares sean motivo de comunicaciones a congresos nacionales e internacionales. El número de trabajos y la magnitud del factor de impacto de las revistas dependerán de la dimensión que alcancen los resultados.

IX. BIBLIOGRAFÍA

1. McPherson K, Steel CM, Dixon JM. ABC of breast diseases. Breast cancer-epidemiology, risk factors, and genetics. BMJ. 9 de septiembre de 2000;321(7261):624-8.

2. Miki Y, Swensen J, Shattuck-Eidens D, Futreal PA, Harshman K, Tavtigian S, et al. A strong candidate for the breast and ovarian cancer susceptibility gene BRCA1. Science. 7 de octubre de 1994;266(5182):66-71.

3. Wooster R, Bignell G, Lancaster J, Swift S, Seal S, Mangion J, et al. Identification of the breast cancer susceptibility gene BRCA2. Nature. 21 de diciembre de 1995;378(6559):789-92.

4. Antoniou AC, Hardy R, Walker L, Evans DG, Shenton A, Eeles R, et al. Predicting the likelihood of carrying a BRCA1 or BRCA2 mutation: validation of BOADICEA, BRCAPRO, IBIS, Myriad and the Manchester scoring system using data from UK genetics clinics. J Med Genet. julio de 2008;45(7):425-31.

5. Ferlay J, Autier P, Boniol M, Heanue M, Colombet M, Boyle P. Estimates of the cancer incidence and mortality in Europe in 2006. Ann Oncol Off J Eur Soc Med Oncol ESMO. marzo de 2007;18(3):581-92.

6. Graña Suárez B. Síndrome de cáncer de mama/ovario hereditario: desarrollo de una guía clínica y análisis de los genes ATM, TP53 en familias de alto riesgo para cáncer de mama no asociado a BRCA1 y/o BRCA2. 11 de febrero de 2013 [citado 31 de marzo de 2013]; Recuperado a partir de: http://dspace.usc.es/handle/10347/7279

7. Ferlay J, Steliarova-Foucher E, Lortet-Tieulent J, Rosso S, Coebergh JWW, Comber H, et al. Cancer incidence and mortality patterns in Europe: Estimates for 40 countries in 2012. Eur J Cancer Oxf Engl 1990. 25 de febrero de 2013;

8. Ford D, Easton DF, Stratton M, Narod S, Goldgar D, Devilee P, et al. Genetic heterogeneity and penetrance analysis of the BRCA1 and BRCA2 genes in breast cancer families. The Breast Cancer Linkage Consortium. Am J Hum Genet. marzo de 1998;62(3):676-89.

9. Díez O, Gutiérrez-Enríquez S, Ramón y Cajal T. [Breast cancer susceptibility genes]. Med Clínica. 4 de marzo de 2006;126(8):304-10.

10. Hall,J.M., Lee,M.K., Newman,B., Morrow,J.E., Anderson,L.A., Huey,B., and King,M.C. (1990) Linkage of early-onset familial breast cancer to chromosome 17q21. Science, 250, 1684-1689.

11. Miki,Y., Swensen,J., Shattuck-Eidens,D., Futreal,P.A., Harshman,K., Tavtigian,S., Liu,Q., Cochran,C., Bennett,L.M., Ding,W., and . (1994) A strong candidate for the breast and ovarian cancer susceptibility gene BRCA1. Science, 266, 66-71.

12. Wooster,R., Bignell,G., Lancaster,J., Swift,S., Seal,S., Mangion,J., Collins,N., Gregory,S., Gumbs,C., and Micklem,G. (1995) Identification of the breast cancer susceptibility gene BRCA2. Nature, 378, 789-792.

13. Malkin D, Li FP, Strong LC, Fraumeni JF Jr, Nelson CE, Kim DH, et al. Germ line p53 mutations in a familial syndrome of breast cancer, sarcomas, and other neoplasms. Science. 30 de noviembre de 1990;250(4985):1233-8.

14. Nelen MR, van Staveren WC, Peeters EA, Hassel MB, Gorlin RJ, Hamm H, et al. Germline mutations in the PTEN/MMAC1 gene in patients with Cowden disease. Hum Mol Genet. agosto de 1997;6(8):1383-7.

15. Luis Robles et ál. Cáncer Hereditario II Edición.

16. Meindl A, Hellebrand H, Wiek C, Erven V, Wappenschmidt B, Niederacher D, et al. Germline mutations in breast and ovarian cancer pedigrees establish RAD51C as a human cancer susceptibility gene. Nat Genet. 2010;42(5):410-4.

17. Osorio A, Endt D, Fernández F, Eirich K, de La Hoya M, Schmutzler R, Caldés T, Meindl A, Schindler D, Benítez J. Humar Molecular Genetics 2012 1-10

18. Meindl A, Ditsch N, Kast K, Rhiem K, Schmutzler RK. Hereditary breast and ovarian cancer: new genes, new treatments, new concepts. Dtsch Ärzteblatt Int. 2011;108(19):323-30.

19. Roy,R., Chun,J., and Powell,S.N. (2012) BRCA1 and BRCA2: different roles in a common pathway of genome protection. Nat.Rev.Cancer, 12, 68-78.

20. Marquis,S.T., Rajan,J.V., Wynshaw-Boris,A., Xu,J., Yin,G.Y., Abel,K.J., Weber,B.L., and Chodosh,L.A. (1995) The developmental pattern

of Brca1 expression implies a role in differentiation of the breast and other tissues. Nat.Genet., 11, 17-26.

21. Meza,J.E., Brzovic,P.S., King,M.C., and Klevit,R.E. (1999) Mapping the functional domains of BRCA1. Interaction of the ring finger domains of BRCA1 and BARD1. J.Biol.Chem., 274, 5659-5665.

22. Huen,M.S., Sy,S.M., and Chen,J. (2010) BRCA1 and its toolbox for the maintenance of genome integrity. Nat.Rev.Mol.Cell Biol., 11, 138-148.

23. Zhang,F., Ma,J., Wu,J., Ye,L., Cai,H., Xia,B., and Yu,X. (2009) PALB2 links BRCA1 and BRCA2 in the DNA-damage response. Curr.Biol., 19, 524-529.

24. Fabbro,M., Savage,K., Hobson,K., Deans,A.J., Powell,S.N., McArthur,G.A., and Khanna,K.K. (2004) BRCA1-BARD1 complexes are required for p53Ser-15 phosphorylation and a G1/S arrest following ionizing radiation-induced DNA damage. J.Biol.Chem., 279, 31251-31258.

25. Yu,X., Chini,C.C., He,M., Mer,G., and Chen,J. (2003) The BRCT domain is a phospho-protein binding domain. Science, 302, 639-642.

26. Moynahan,M.E., Pierce,A.J., and Jasin,M. (2001) BRCA2 is required for homology-directed repair of chromosomal breaks. Mol.Cell, 7, 263-272.

27. Esashi,F., Christ,N., Gannon,J., Liu,Y., Hunt,T., Jasin,M., and West,S.C. (2005) CDK-dependent phosphorylation of BRCA2 as a regulatory mechanism for recombinational repair. Nature, 434, 598-604.

28. Baumann,P., Benson,F.E., and West,S.C. (1996) Human Rad51 protein promotes ATP-dependent homologous pairing and strand transfer reactions in vitro. Cell, 87, 757-766.

29. Meindl A, Hellebrand H, Wiek C, Erven V, Wappenschmidt B, Niederacher D, et al. Germline mutations in breast and ovarian cancer pedigrees establish RAD51C as a human cancer susceptibility gene. Nat Genet. mayo de 2010;42(5):410-4.

30. Gabaldó X, Sarabia Mesguer MD, Alonso Romero JL, Marin Vera M, Marin Zafra P, Sánchez Henarejos P, Ruiz Espejo F. Novel BRCA1 deleterious mutation (c.1918C>T) in familial breast and ovarian cancer

syndrome Who share a common ancestry. Familial Cancer 2014. DOI 10.1007/s 10689-014-9708-5.

31. Rebbeck TR, Mitra N, Domchek SM, Wan F, Chuai S, Friebel TM, et al. Modification of ovarian cancer risk by BRCA1/2-interacting genes in a multicenter cohort of BRCA1/2 mutation carriers. Cancer Res. 15 de julio de 2009;69(14):5801-10.

32. HGMD®homepage[Internet].Recuperado a partir de http://www.hgmd.cf.ac.uk/ac/index.php

33. Home - LOVD - An Open Source DNA variation database system [Internet]. Recuperado a partir de: http://www.lovd.nl/3.0/home

34. MaxEntScan:scoresplice [Internet]. Recuperado a partir de: http://genes.mit.edu/burgelab/maxent/Xmaxentscan_scoreseq.html

35. BDGP: Splice Site Prediction by Neural Network [Internet]. Recuperado a partir de: http://www.fruitfly.org/seq_tools/splice.html

36. Human Splicing Finder - Version 2.4.1 [Internet]. Recuperado a partir de: http://www.umd.be/HSF/

37. SIFT - Tool to predict nonsynonmous / missense variants [Internet]. Recuperado a partir de: http://sift.bii.a-star.edu.sg/

38. MutationTaster [Internet]. Recuperado a partir de: http://www.mutationtaster.org/

Printed by Books on Demand GmbH, Norderstedt / Germany